AF469804

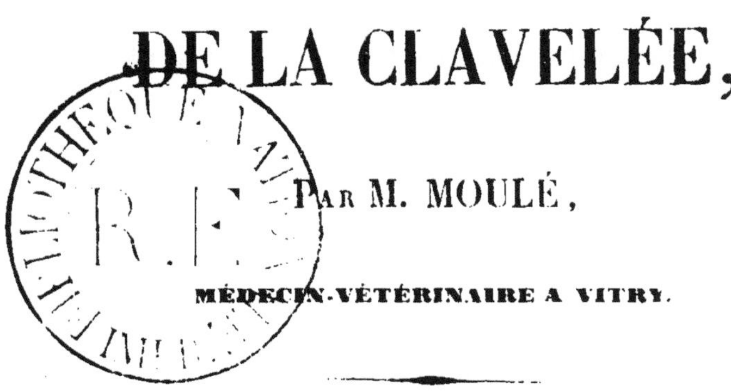

DE LA CLAVELÉE,

PAR M. MOULÉ,

MÉDECIN-VÉTÉRINAIRE A VITRY.

DE LA CLAVELÉE.

La maladie qui fait le sujet de nos études ayant fait des ravages considérables tant dans notre département que dans beaucoup d'autres, ses symptômes, sa marche, ses différents traitements n'étant par encore connus de tous les propriétaires de bêtes ovines, j'ai cru devoir en donner la description aussi complète que possible, tout en faisant son histoire le plus laconiquement qu'il peut être en moi. Le commerce de moutons étant assez considérable dans la Champagne, la clavelée, par ce motif, peut se développer subitement dans certaines localités, et faire des ravages sans que le propriétaire du troupeau malade et les propriétaires voisins aient pu prendre toutes les mesures nécessaires, non seulement sous le rapport du traitement hygiénique et curatif, mais encore sous celui de la police sanitaire et de la redhibition.

Si nous avons le bonheur que notre département n'en soit pas affecté avant que ce petit ouvrage ne soit tombé dans l'oubli, il me restera toujours la satisfaction d'avoir essayé d'être utile à nos cultivateurs.

Nous nous occuperons tout d'abord de la clavelée proprement dite, du claveau, de la clavélisation, et nous terminerons par la clavelée envisagée sous le rapport de la police sanitaire et de la garantie commerciale.

DE LA CLAVELÉE PROPREMENT DITE.

Synonymie. — Claveau, clavin, clavelin, clavelle, clavelière, clavelade, glavanne, clousiau, petite vérole, vérolie, picotte, rougeole, bourlade, pustule, chapelet, etc. Les dénominations de variole et de clavelée sont les seules que nous puissions admettre.

Définition. — La clavelée (de *clavus*, clou), maladie inflammatoire de la peau, caractérisée par une éruption pustuleuse plus ou moins étendue, épizootique, éminemment contagieuse, est particulière aux bêtes à laine, qu'elle n'affecte qu'une seule fois. Elle paraît avoir beaucoup d'analogie avec la petite vérole de l'homme.

Origine. — Malgré les différentes recherches qui ont été faites pour connaître l'origine de cette maladie, cette question est encore plongée dans la plus parfaite obscurité. Serait-elle comme la petite vérole, avec laquelle elle a beaucoup d'analogie, d'origine asiatique ou africaine? C'est ce qu'il est impossible de savoir. Plusieurs hypothèses ont été émises: les uns l'ont considérée comme provenant d'une maladie des chevaux appelée *eaux aux jambes;* les autres, d'une maladie éruptive particulière aux dindons. Ces deux hypothèses sont aussi fausses l'une que l'autre, des expériences nous ayant démontré que l'inoculation de la matière des eaux aux jambes ne détermine pas la clavelée. La seconde hypothèse n'a pu être prouvée par des faits.

Cette maladie a fait éprouver de grandes pertes depuis le commencement du seizième siècle, époque à laquelle Rabelais et Joubert en ont parlé. Il est à présumer qu'elle ne date pas de cette époque et qu'avant eux elle a fait de nombreuses victimes.

Elle sévit principalement aux environs des grandes villes, dans les endroits où se tiennent de grandes foires aux moutons, les passages y étant plus fréquents.

La clavelée a pour caractères une éruption à la peau, qui est d'abord partielle, mais qui, dans beaucoup de circonstances, devient générale. Ces boutons, de forme plus ou moins arrondie, saillants, se développent dans les endroits dénués de poils et où la peau est fine; ils s'enflamment, sécrètent le fluide claveleux, se dessèchent et tombent. Chez beaucoup de sujets on trouve sur les intestins et le poumon des boutons qui ont quelque analogie avec le bouton claveleux. Quelques-uns les ont considérés comme de vraies pustules claveleuses, et ont pensé que l'éruption primitive se faisait d'abord sur les intestins et sur la membrane muqueuse des bronches, et qu'elle n'était que consécutive à la peau. Pour nous, quoique nous ayons presque toujours vu l'inflammation des intestins se développer avant l'éruption de la peau, nous n'en considérons pas moins ces prétendues pustules comme une inflammation des follicules muqueux produite par métastase : ce qui a lieu chez beaucoup de malades. Il en est de même des boutons qui se développent dans les bronches et des inflammations de quelques vésicules pulmonaires. Les saisons n'influent en aucune manière sur le développement de la clavelée ; mais elle est beaucoup plus grave pendant les grandes chaleurs et les grands froids que pendant les saisons tempérées.

Causes. — Les causes de la clavelée sont aussi obscures que son origine : comme dans toutes les maladies épizootiques et contagieuses, on fait des conjectures qui se rapprochent plus ou moins de la vérité. Ce qu'il y a de certain, c'est que les causes agissent sur les intestins, puisque l'irritation de ces organes survient d'abord ; mais dire quelle est la nature de cette cause, c'est ce qu'il est impossible de déterminer. Les uns attribuent cette maladie aux prairies humides, parsemées d'eaux croupissantes ; aux fourrages mal récoltés, vasés, poudreux, rouillés ; les autres, à la malpropreté des bergeries, aux variations atmosphériques, aux mauvaises exhalaisons, etc. La cause la plus sûre est sans contredit la contagion : aucun doute n'est admis à cet égard ; mais comme la clavelée peut se développer spontanément, ce sont les causes de cette dernière qu'il est impossible de connaître.

Généralement la clavelée se transmet par voie de contagion et a pour principe un fluide particulier, qu'on a désigné sous le nom de claveau, et dont nous donnerons la description. Ce principe contagieux n'a besoin, pour déterminer son action, que d'être mis en rapport direct ou indirect avec des animaux sains. Quoique le plus ordinairement la contagion ait lieu par cohabitation plus ou moins prolongée, nous avons beaucoup d'exemples de transmission de la maladie par les vents ou par le pacage sur des terrains déjà parcourus par un troupeau malade. Le virus claveleux peut s'imprégner dans la laine, s'y conserver pendant longtemps, et déterminer ses funestes effets au bout d'un temps plus ou moins long, suivant qu'il a été plus ou moins exposé au contact de l'air.

Lorsque les moutons sont enfermés dans les bergeries, le contact est immédiat, et l'on s'explique facilement pourquoi la contagion a lieu, les boutons s'ulcérant, le fluide claveleux se trouvant mis en rapport direct avec la peau des animaux sains. Par ce moyen, les mères peuvent transmettre la maladie à leurs agneaux; mais il n'est pas reconnu jusqu'alors qu'ils en soient atteints avant leur naissance, comme quelques auteurs l'ont pensé.

Les marchands de moutons, les bergers, leurs chiens, les guérisseurs peuvent transmettre la maladie d'une localité dans une autre en parcourant les campagnes, les foires, après avoir touché des bêtes malades. Les peaux, les fumiers provenant de moutons infectés provoquent aussi le développement de la maladie pendant un certain laps de temps.

Le développement de cette maladie a lieu ordinairement en trois fois dans un troupeau. Dans le premier temps, qui est d'un mois à peu près, elle attaque d'abord quelques bêtes jusqu'à ce que le tiers environ soit entrepris; elle reste ensuite stationnaire, puis elle continue ses ravages pendant environ encore un mois, et n'épargne dans le second temps que quelques moutons qui ne tardent pas à tomber malades quelque temps après. Elle a lieu en trois fois, tel que nous venons de l'expliquer, et dure environ trois mois. Dans les grands troupeaux elle met quelquefois sept à huit mois avant de se terminer. La première invasion est beaucoup moins meurtrière que la seconde et beaucoup plus circonscrite; la dernière ressemble un peu à la première. Expliquer pourquoi dans le second temps il y a beaucoup plus de bêtes malades que dans le premier, nous paraît assez facile jusqu'à un certain point : plus le nombre des malades augmente, plus les émanations sont considérables et plus elles agissent sur un plus grand nombre d'animaux. A la fin de la première invasion il y a plus de malades, plus d'émanations; c'est alors que la période d'incubation commence pour le second temps. En outre la contagion n'ayant lieu qu'à la période de sécrétion, elle ne peut réellement agir que lorsque les premiers moutons malades laissent échapper le fluide claveleux. Dans le premier temps ce sont les bêtes qui sont le plus prédisposées à contracter la maladie qui en sont atteintes, et dans le troisième ce sont au contraire celles qui sont le plus prédisposées à résister, résistance occasionnée par des causes particulières et à peu près inconnues : ce qui a presque toujours lieu dans les maladies contagieuses.

Plusieurs auteurs ont établi des distinctions nombreuses pour en faire diverses espèces; nous ne les consignerons pas, les regardant comme inutiles, même absurdes. Nous nous arrêterons cependant à deux distinctions particulières proposées par Gilbert. Cet auteur, en les désignant sous le nom de clavelée régulière et irrégulière, en a fait deux variétés de la même espèce.

La clavelée régulière est celle qui parcourt toutes ses phases sans symptômes fâcheux; la clavelée irrégulière est celle au contraire dont le cours est dérangé par quelques accidents plus ou moins graves.

Symptômes. — Quoiqu'il y ait différentes opinions pour la distinction des différentes périodes que parcourt la maladie, on s'accorde généralement à les diviser en cinq : l'*incubation*, l'*invasion*, l'*éruption*, la *sécrétion* et la *desquammation*.

L'incubation est l'intervalle qui s'écoule depuis

l'absorption du virus claveleux jusqu'à l'invasion des premiers symptômes. Il est bien certain que les miasmes n'agissent pas sur le corps des animaux aussitôt qu'ils sont introduits dans l'économie par la contagion ou l'inoculation : il se passe un certain laps de temps entre l'introduction du virus claveleux et les premiers symptômes, temps plus ou moins long, suivant l'abondance et l'intensité du fluide claveleux, suivant aussi que l'inoculation a eu lieu par virus fixe ou volatil. Ceci est une simple opinion que nous émettons, car on sait à quelle époque l'inoculation a eu lieu par virus fixe, et il est impossible de connaître au juste le moment de la contagion par virus volatil.

La clavelée inoculée met ordinairement un temps plus ou moins long à se développer, suivant la température, la saison, les lieux où les animaux séjournent, leur âge et leur tempérament. On peut cependant fixer un terme moyen, qui serait de douze jours en été et de vingt en hiver. Après cette première période, l'invasion s'annonce par des signes précurseurs, qui appartiennent en commun à plusieurs maladies des moutons; mais un cultivateur zélé, actif, doit se mettre sur ses gardes, quand surtout cette maladie existe dans les environs.

Les premiers signes qui s'observent sont la tristesse, le défaut d'appétit, les yeux mornes, la tête basse, la marche nonchalante, la cessation de la rumination. Les moutons ont des tremblements généraux, puis de la chaleur; ils paraissent souffrants; la fièvre existe et augmente jusqu'à l'éruption des boutons; elle est d'autant plus intense qu'elle attaque des animaux plus âgés. Tous ces symptômes, d'abord peu marqués, augmentent graduellement. La fièvre devient forte; les flancs sont très agités, les battements de cœur violents; la soif est ardente, le pouls dur, accéléré; la tête devient plus pesante; des douleurs existent dans presque toutes les parties du corps. Selon d'Arboval, l'haleine acquiert une odeur particulière, qui ne se rencontre pas dans les autres maladies. Chez les jeunes sujets, ces symptômes sont quelquefois accompagnés de gonflement de la tête, de jetage par le nez, de la rougeur des conjonctives, de la chassie, de douleurs très vives du ventre, d'une légère diarrhée, sans que pour cela il y ait eu éruption de boutons à la peau. On ne doit pas considérer ces caractères comme appartenant toujours à la clavelée, car les animaux offrant ces symptômes ont été exposés à la contagion au milieu de bêtes malades, sans que la maladie ait augmenté.

Ce que nous venons de signaler nous prouve d'une manière suffisante que la clavelée débute par une irritation des intestins, de l'estomac, des bronches, des naseaux, etc. A cette fièvre, occasionnée par l'inflammation des muqueuses, succède la fièvre beaucoup plus intense qui précède l'éruption claveleuse. Comme il y a une très grande sympathie entre les muqueuses et la peau, il s'opère une espèce de révulsion qui détermine l'apparition de boutons, et si l'éruption n'est pas trop violente, l'inflammation des muqueuses intestinales cesse, la fièvre diminue, cède quelquefois, et les animaux souffrent beaucoup moins.

Vers le cinquième jour, l'apparition des boutons se fait remarquer par des taches d'un rouge violet assez foncé, à la face interne des cuisses, aux ars, sous la poitrine, au ventre, et en général à l'endroit où la peau est le plus fine et dépourvue de poils. Cette règle générale admet quelques exceptions. Au centre de ces petites taches rouges s'élèvent des boutons, qui ont leur origine dans l'épaisseur de la peau ; leur volume est depuis la grosseur d'une lentille jusqu'à celui d'une noisette ; leur forme est variable, tantôt arrondie, tantôt conique. Après avoir parcouru toutes les phases de leur accroissement, de rouges qu'ils étaient, ils deviennent d'un blanc grisâtre. La pointe des boutons s'aplatit, se déprime légèrement ; leur base reste généralement rouge jusqu'à la dessiccation, surtout pendant les fortes chaleurs.

Lorsque l'éruption a acquis tout son développement, que les boutons sont à leur grosseur, l'épiderme se soulève, forme une pellicule qui durcit au fur et à mesure que la période de desquammation approche, et se détache par écailles. Si l'on soulève la petite pellicule au début, on voit à la surface du bouton un suintement d'une sérosité dont nous étudierons plus tard les caractères.

C'est à dater de la formation du claveau que les boutons deviennent mous et que les rougeurs disparaissent. Quelques jours après, le virus, de limpide qu'il était, devient d'un blanc opaque, épais, et c'est à cette époque qu'on peut le confondre avec du pus; l'âcreté du claveau amenant une irritation de la surface du bouton, et la formation de cette sérosité blanchâtre qu'on remarque sur la fin de la période de sécrétion. Le virus claveleux est donc d'abord limpide ; puis il se colore, s'épaissit et ressemble à du pus par sa couleur et sa consistance.

La matière claveleuse, arrivée au degré dont nous venons de parler, rompt l'enveloppe, se dessèche, forme les croûtes qui caractérisent la cinquième période, et laisse une tache plus ou moins profonde à la peau. Cependant assez souvent tous les boutons ne crèvent pas; il arrive quelquefois que la pellicule se dessèche, la sérosité se résorbe et forme chez quelques sujets des dépôts internes par métastase. Assez souvent, avant la dessiccation la fièvre devient plus intense, la tête se gonfle, les yeux deviennent gros et chassieux, le jetage s'établit par les naseaux, la muqueuse du nez s'épaissit, la respiration est difficile. Les symptômes qui caractérisent les différentes périodes durent environ douze jours en été et vingt en hiver. Je n'indique pas le temps de chaque période, parce qu'il y a des variations à l'infini.

Lorsque la clavelée est irrégulière, tous les symptômes que nous avons signalés sont exagérés d'une manière étonnante : les membres s'engorgent, deviennent bosselés ; il se forme de larges plaques, qui laissent une plaie hideuse, profonde jusque sur les os, qui se carient quelquefois. Les plaies deviennent gangréneuses chez certains animaux ; le claveau est sanieux et fétide. Il y a prostration des forces : les malades sont comme immobiles, et quelque temps avant la mort il y a affaissement des boutons ; l'humeur est résorbée : la diarrhée devient très forte et de mauvaise odeur. L'animal tout entier devient dégoûtant par le jetage, les plaies, le sang qui s'écoule avec les urines, avec la sécrétion du nez et la salive. Assez souvent il y a constipation, plaie dans les naseaux, inflammation très intense des organes de la digestion, de la respiration et du cerveau. C'est toujours de mauvais augure quand, avant l'éruption, les symptômes indiqués dans la période d'invasion sont exaspérés ; dans la plupart des cas, la clavelée devient irrégulière et la mort survient.

D'autres maladies, outre les entérites et les pleuropneumonies, viennent quelquefois compliquer la clavelée : ce sont les néphrites, les cachexies aqueuses et toutes les maladies asthéniques en général. Cette complication rend la maladie presque toujours mortelle. Ce qui est aussi d'un mauvais augure, c'est la noirceur et le dessèchement des boutons sans sécrétion.

Ainsi on doit donc considérer la maladie comme curable dans la plupart des cas, lorsque l'éruption boutonneuse survient sans trop de fièvre, de douleur, d'inappétence, lorsque la sécrétion se fait aussi facilement que possible, sans engorgement de la peau, des jambes, de la tête, et lorsque la dessiccation arrive au bout d'une quinzaine de jours, tandis qu'elle est presque toujours incurable, lorsque la fièvre est très intense avant l'éruption et que tous les symptômes que nous avons indiqués sont portés à un haut degré d'exaspération.

Autopsie. — Extérieur. — Les cadavres répandent une mauvaise odeur; sur toute la surface de la peau on rencontre des pustules plus ou moins nombreuses, de couleur bleu verdâtre, sans sécrétion, ou des ulcères plus ou moins profonds, gangrénés, ayant détruit la peau et une partie des muscles sous-jacents, se prolongeant même jusque sur les os ou dans la profondeur des articulations. La tête est gonflée; les paupières sont tuméfiées, l'orbite remplie d'un matière grasse, épaisse, yeux troubles, les naseaux renfermant de la sanie muqueuse; la salive est aussi mélangée avec la matière ichoreuse de la bouche.

Autopsie. — Intérieur. — Le gonflement, l'inflammation de la tête ayant presque toujours eu lieu du vivant de l'animal, il est aisé de comprendre que presque tous les organes qu'elle renferme laissent des traces pathologiques. Le larynx, le pharynx sont rouges, ulcérés, tuméfiés; la muqueuse du nez et de la bouche offre des taches violettes ou de couleur lie de vin; elle est ulcérée, gangrénée. Les membranes du cerveau et le cerveau lui-même sont congestionnés.

Les muqueuses renfermées dans la poitrine sont en. mmées, de couleur rouge ou violette, offrant des taches de gangrène, des ulcères çà et là dans presque toute leur étendue, mais plus nombreuses dans la trachée que dans les bronches. Le mucus purulent qui les enduit est fétide et noirâtre. Les plèvres participent aussi à l'inflammation. La sérosité est abondante dans la poitrine; on remarque dans les poumons une inflammation de quelques vésicules pulmonaires, des tubercules et des taches rouges qui rendent les poumons comme marbrés.

L'estomac laisse voir quelques traces d'inflammation, mais beaucoup plus rarement que sur les muqueuses des intestins et de la trachée. Chez les sujets morts de diarrhée, les intestins en général sont remplis d'une matière très fétide; ils ont des taches rouges, quelquefois des ulcères. On y rencontre des gaz, ainsi que dans l'estomac. D'autres altérations existent encore, lorsqu'il y a complication d'autres maladies; mais, comme elles ne sont point spéciales à la clavelée, nous les passerons sous silence.

Traitement. — Le traitement de la clavelée régulière consiste en moyens hygiéniques plutôt que curatifs, les animaux guérissant presque toujours d'eux-mêmes. Il faut d'abord diminuer la nourriture, donner de l'eau blanche avec un peu de sel de nitre, ne pas exposer les moutons aux courants d'air qui peuvent occasionner les refroidissements, éviter de les sortir par des temps pluvieux, leur faire une bonne litière avec de la paille bien sèche, renouveler l'air dans les bergeries, si la température le permet, en un mot, tenir les animaux dans un lieu où l'air est aussi pur que possible. La grande quantité de fumier qui, par sa décomposition, entretient la chaleur, est indispensable en hiver; mais en été on peut avantageusement nettoyer les bergeries. La décomposition des fumiers peut avoir son utilité par la chaleur qu'elle produit; mais elle a un inconvénient très grave et qui agit vigoureusement sur la clavelée, soit naturelle, soit artificielle. L'odeur d'ammoniaque, qui se dégage et qui vient sans cesse irriter la peau et les membranes muqueuses respiratoires, en est la principale cause.

Les moutons surtout sont plus exposés que les autres animaux à respirer les vapeurs irritantes qui s'en dégagent, ayant constamment la tête tournée vers le sol. Le poumon, organe où le sang se rend pour être vivifié, a besoin d'un air pur pour donner au sang tout le principe nutritif qu'il doit avoir pour l'entretien des organes. Sous l'influence d'un gaz irritant, il se produit une décomposition du sang, une altération de tous les organes et une prédisposition à contracter la clavelée beaucoup plus gravement.

Un moyen pour éviter tous ces inconvénients, basé sur la décomposition et composition des différents gaz qui se forment par la fermentation des fumiers, vient d'être indiqué par un pharmacien de Saint-Affrique, M. Limouzin-Lamotte. Ce moyen, qui me paraît sûr, ayant répété moi-même une partie des expériences, consiste à répandre à la surface du fumier, dans les bergeries, du sulfate de chaux (plâtre, gypse) en poudre. Ce sel a la propriété de se combiner avec l'ammoniaque et ses composés, et d'anéantir l'odeur suffocante. Pour bien comprendre l'action, il faut d'abord connaître la théorie de la décomposition des fumiers : c'est ce dont nous allons nous occuper.

La paille, les matières fécales, les urines forment à peu près la base des fumiers. L'eau contenue dans

2

le fumier se décompose sous l'influence de la chaleur et de la fermentation; ses éléments se combinent avec d'autres corps pour former de nouveaux produits. Son hydrogène se combine avec l'azote que contiennent les pailles et forment un nouveau composé, l'ammoniaque (alcali volatil), l'oxygène se combine avec le carbone également contenu en assez grande quantité dans les matières végétales, et forme l'acide carbonique. Ces deux gaz sont volatils et se dégagent dans l'air. Comme l'un est acide et l'autre alcalin, ils se neutralisemt et forment, en se combinant, le carbonate d'ammoniaque, s'ils sont en proportions égales. Dans le cas contraire, s'il y a plus d'ammoniaque ou plus d'acide, l'excès de l'un des deux reste libre. Ce nouveau sel qui vient d'être produit est aussi très volatil; les gaz ammoniacaux sont très reconnaissables à l'odorat. Nous avons donc un dégagement d'ammoniaque, de carbonate d'ammoniaque et de l'excès d'acide carbonique ou d'azote. Ces deux premiers gaz ne peuvent être mis en contact avec le sulfate de chaux sans se décomposer et former un produit qui n'est pas volatil, le sulfate d'ammoniaque. Cette odeur corrosive est donc détruite, nous avons donc un air plus pur. L'acide chlorhydrique a aussi la propriété d'absorber les gaz ammoniacaux; il est donc utile, indispensable même, de mettre un vase rempli de cet acide dans les bergeries, lorsque les moutons sont menacés d'une maladie contagieuse et même lorsqu'ils ne sont pas malades. La preuve que les gaz ammoniacaux sont absorbés, c'est que si on laisse séjourner sur le fumier une assiette remplie d'acide chlorhydrique, on verra au bout de quelques jours cet acide disparu et remplacé par des cristaux de chlorhydrate d'ammoniaque. Si je m'arrête aussi longtemps sur cette précaution hygiénique, c'est non seulement parce que je la crois indispensable pour le traitement de la clavelée naturelle et artificielle, mais c'est encore pour indiquer à nos cultivateurs le moyen de conserver un principe qui fait la base de nos meilleurs engrais.

Parmi les bêtes attaquées il y en a qui le sont plus que le autres; il faut les mettre à part et leur faire subir un traitement particulier. Les moyens hygiéniques suffisent pour les autres. Les saignées, les sétons, les purgatifs ont été conseillés. Ce mode de traitement peut avoir son efficacité dans quelques cas assez rares; mais malheureusement on en a abusé. Les toniques sont aussi quelquefois utiles sur des bêtes adynamiques, lorsque l'éruption est lente à se développer. Les moyens les plus efficaces sont, sans contredit, les sudorifiques, les diaphorétiques. Les décoctions de racine de salsepareille, à la dose de cent vingt-cinq grammes par litre d'eau, le gaïac en poudre traité de la même manière et à la même dose, les infusions de fleur de sureau, voilà à peu près les seuls moyens convenables. S'il y a complication de maladie qui attaque le système nerveux, les antispasmodiques doivent être employés.

Il arrive assez souvent que les cavités nasales se trouvent obstruées par la trop grande sécrétion de la membrane muqueuse; la respiration devient difficile; il peut même y avoir asphyxie. Il faut alors faire des bains de vapeur sous le nez avec une décoction de plantes grasses, telles que mauve, guimauve, son, orge, et laver l'orifice des naseaux. Lorsque ces moyens sont insuffisants, on fait l'opération de la trachéotomie. Les plaies doivent être pansées avec les excitants et les caustiques, suivant leur nature.

La corne décollée par l'éruption des boutons près

du bourrelet doit être enlevée et la plaie pansée avec de l'égyptiac ou de la liqueur de Villate. MM. Delafond et Rigot ont remarqué que les bêtes sur lesquelles ils avaient pris du claveau étaient guéries plus facilement que les autres, ce qui tendrait à prouver que l'incision des boutons, en donnant une issue au virus ou en déterminant une inflammation de la peau, localiserait la maladie sur cet organe et empêcherait la résorption. On pourrait donc essayer ce moyen sur les boutons qui ont beaucoup de peine à s'ulcérer.

Différents moyens préservatifs doivent être mis en usage, tels que d'éviter le contact médiat ou immédiat des troupeaux sains avec les troupeaux malades; d'empêcher les chiens étrangers, les bouchers de pénétrer dans les bergeries, etc. Nous en parlerons plus amplement en traitant de la police sanitaire.

DU CLAVEAU.

On désigne sous le nom de claveau la sérosité produite par la sécrétion du bouton claveleux, à l'époque où elle a la couleur très légèrement rosée, limpide, et non lorsqu'elle est de couleur rose foncé, c'est-à-dire aux premiers moments de la sécrétion, parce qu'elle n'a pas encore acquis la propriété de transmettre la maladie, ni à l'époque où elle devient blanchâtre, terne, ayant perdu une partie de ses propriétés contagieuses. Ainsi, lorsqu'on veut clavéliser, il faut prendre le claveau clair, limpide, légèrement rosé ou jaunâtre, et non quand il devient épais ou quand il commence à se dessécher. Nous avons cependant quelques exemples de contagion à la dernière période, et même au delà, puisqu'il est prouvé qu'un troupeau peut transmettre la maladie plusieurs semaines après sa guérison. Quoiqu'il soit difficile de déterminer au juste le jour où l'on doit prendre le claveau, c'est cependant ordinairement le huitième jour que le bouton sécrète, et non suppure comme on l'a cru ; car au moment où le virus prend l'aspect du pus, il ne doit plus être employé pour la clavélisation.

Le claveau perd de sa propriété, lorsqu'on le prend successivement sur des bêtes qui ont été clavélisées ; il est donc bon, lorsqu'on fait cette opération, de puiser le virus sur des bêtes malades naturellement, que la clavelée soit régulière ou irrégulière, les effets étant absolument les mêmes. Cependant, pour plus de sûreté, il est prudent de le puiser sur des bêtes les moins malades.

Il est passablement bien démontré qu'il ne peut être conservé comme le vaccin : plusieurs tentatives ont été infructueuses. On a imbibé de la laine, que l'on a ensuite conservée dans des tubes de verre bien bouchés avec la lampe à émailleur. On en a pris aussi entre deux plaques de verre, que l'on a cachetées et abritées du contact de l'air et de la lumière, en les enveloppant de papier noir et de feuilles de plomb. Les croûtes claveleuses ont été desséchées et conservées ; mais elles n'ont pas eu plus de réussite. Présumant que le meilleur moyen de lui conserver son efficacité est de l'employer liquide, on s'est servi du procédé dû à M. Bretonneau. Il consiste à enfermer le virus claveleux dans des tubes capillaires en verre. Il s'agit pour le recueillir d'appliquer l'une des extrémités du tube sur le bouton claveleux, lorsqu'il est en pleine sécrétion ; en vertu de la capillarité, on voit immédiatement le liquide faire son ascension. Aussitôt que le tube est rempli, on bouche les deux extrémités à la flamme d'une bougie. On conserve aussi ces tubes à l'abri de la lumière et dans un corps gras ou humide, pour éviter le dessèchement. Lorsqu'on veut se servir du claveau, on brise les extrémités du tube; on souffle ensuite le virus claveleux sur une lame de verre que l'on met sous l'extrémité opposée à celle par laquelle on souffle. Je ne m'arrêterai pas à plusieurs autres moyens qui ont été conseillés, et n'ont pas souvent réussi, ceux que je viens d'indiquer étant les meilleurs.

DE LA CLAVÉLISATION.

La clavélisation est l'opération qui a pour but de développer une maladie semblable à la clavelée, en introduisant dans l'économie animale un virus pris sur des bêtes malades, et qui a la propriété de déterminer une maladie à peu près semblable, mais beaucoup moins meurtrière que la clavelée spontanée. C'est le moyen le plus efficace que l'on connaisse pour rendre la maladie moins dangereuse. Cette méthode a eu des détracteurs; je crois qu'elle n'en a plus aujourd'hui: car les expériences qui ont été faites jusqu'à ce jour nous prouvent d'une manière suffisante que le plus qu'il est possible d'en perdre par l'inoculation est un dixième environ; quelquefois même on n'en perd pas deux par cent, tandis qu'en laissant la maladie se déclarer d'elle-même, plusieurs propriétaires ont perdu le quart, et même les trois quarts de leurs troupeaux.

D'après plusieurs expériences faites à Alfort, les pertes par la clavélisation ne seraient que d'un sur quatre cents. D'Arboval nous rapporte, dans un traité de la clavelée, une foule de faits qui nous prouvent que les cas de mort seraient de trois sur quatre cents. Les bêtes clavélisées ont été soumises à de nouvelles épreuves, et n'ont point contracté de nouveau la clavelée. Les différentes clavélisations qui ont eu lieu dans l'arrondissement de Vitry, en 1820 et 1825, viennent confirmer ce qu'on rapporte. Ces pertes ont été de deux à trois sur cent. Quelques moutons n'ont pas contracté la maladie par l'inoculation; mais ils sont en petit nombre, et l'on peut recommencer l'opération, qui réussit presque toujours, lorsque le claveau est de bonne qualité, l'inoculation bien faite, et les moutons dans toutes les conditions hygiéniques nécessaires.

L'avantage est, comme on le voit, de perdre peu d'animaux, de n'avoir des moutons malades que pendant trois ou quatre mois, ce qui dure huit à dix, lorsque la clavelée est spontanée, de ne plus craindre la contagion, les bêtes clavélisées n'étant plus aptes à contracter la maladie.

Pour avoir un résultat satisfaisant, il ne faut pas attendre pour clavéliser que l'infection claveleuse soit dans le troupeau, car on ne fait que développer la maladie, qui est cependant moins maligne que naturellement. Nous invitons donc les propriétaires à se mettre sur leurs gardes, si la clavelée règne dans les environs, même à une distance assez éloignée.

En supposant les moutons dans toutes les conditions de santé, on n'a pas besoin de leur faire subir aucune espèce de préparation pour être clavélisés; les conditions hygiéniques sont les seules qu'on doive mettre en usage. Le printemps et l'automne sont les saisons les plus favorables; la première année, excepté les deux ou trois premiers mois, est aussi l'âge de préférence; mais lorsque la contagion devient menaçante, on opère à tous les âges et à toutes les saisons, en ayant soin de prendre toutes les précautions par rapport aux variations atmosphériques.

Il faut choisir pour clavéliser les endroits où la

peau est fine et dépourvue de laine, l'introduction du claveau étant plus facile, les piqûres moins profondes, la réussite de l'opération plus assurée.

Différents endroits ont été indiqués pour l'inoculation du claveau. Selon Beugnot, le dessous de la queue serait préférable à tout autre. Selon d'Arboval ce serait le dessous du ventre. Quant à nous, nous ne donnerons point de préférence, le point essentiel consistant à choisir l'endroit où il ne peut y avoir de frottement. C'est pourquoi certains vétérinaires rejettent l'inoculation à la face interne des cuisses et de l'avant-bras, parce que les boutons se développent quelquefois en grande quantité et d'une grosseur qui égale le volume d'une petite noix ; il arrive même aussi qu'il se forme des engorgements de la peau, et que les frottements réitérés amènent une inflammation tellement intense qu'elle passe assez souvent à l'état de gangrène. On conseille aussi les bords de l'oreille ; mais cet organe est trop exposé aux chocs, au contact des corps extérieurs. C'est donc sous la queue et sous le ventre qu'il est préférable de clavéliser.

Deux instruments servent pour l'opération, l'aiguille cannelée et la lancette. C'est ce dernier qui convient le mieux, parce qu'il est plus commode pour prendre et introduire le claveau, et qu'il détermine moins d'accidents.

Six personnes sont indispensables : deux servent à maintenir le sujet que l'on veut clavéliser ; ils le mettent sur une table pour que l'opérateur ait plus facile, le renversent sur son dos, si l'on veut inoculer sous le ventre ; des bottes de paille sont disposées à cet effet pour ne point blesser les animaux. Si l'on inocule sous la queue, on renverse cet organe sur la croupe, et l'on fait une ou deux incisions, le mouton étant dans sa position naturelle. Deux autres hommes servent à maintenir le mouton sur lequel on puise le claveau ; un autre charge les lancettes de virus claveleux, et les présente à l'opérateur. Enfin le sixième est destiné à attrapper les moutons à clavéliser, et à placer ceux qui viennent de l'être.

Quand tous les aides sont préparés et l'opérateur disposé, celui-ci fait choix d'un mouton sur lequel il veut puiser le virus, puis il désigne à l'aide chargé des lancettes le bouton qui doit être préféré. Cet aide principal enlève la pellicule, recueille sur la pointe de la lancette la sérosité aussi pure que possible, en ayant soin toutefois de ne pas racler la surface du bouton, dans la crainte de faire saigner. Il passe la lancette ainsi chargée, et la pointe en bas, à l'opérateur, immédiatement avant d'inoculer, pour que le virus ne perde pas de ses propriétés. Lorsque la sérosité du bouton est épuisée, l'opérateur en désigne un autre, sur lequel on procède de la même manière. Les boutons du premier mouton étant épuisés, on en prend un autre, et ainsi de suite, jusqu'à ce que le troupeau soit clavélisé.

L'opérateur prend ensuite une lancette ou un instrument tranchant quelconque, en dirige la lame obliquement dans l'épaisseur de la peau, de manière à ne soulever que l'épiderme ; il pince avec le pouce et l'index de la main gauche les deux extrémités de la plaie, de manière à la rendre béante, y introduit l'extrémité de la lancette chargée de claveau, la laisse ainsi pendant quelques secondes, en la tenant verticalement, et la retire ensuite, en ayant soin d'appuyer l'index de la main gauche sur un des bords de la plaie pour faire descendre le virus qui est adhérent à la lancette. L'opération est beaucoup plus simple en incisant la peau avec la lancette chargée ;

mais en procédant ainsi, on essuie l'instrument sur les bords de la plaie, le virus reste à l'extérieur, et il n'y a pas d'absorption possible. Ce procédé doit donc être rejeté.

Il ne faut pas inciser la peau dans toute son épaisseur, les accidents inflammatoires pouvant devenir très sérieux.

Lorsqu'on veut se servir de l'aiguille cannelée, on pince le bouton pour en faire sortir la sérosité qu'on recueille dans la cannelure de l'aiguille. L'opérateur pince la peau, tient l'aiguille verticalement, pour faire descendre le claveau, l'introduit obliquement dans l'épiderme et de la profondeur d'un centimètre environ. Quand on retire l'aiguille, il faut avoir soin d'appuyer le pouce sur la cannelure et à l'origine de la piqûre, pour y fixer le virus claveleux et faciliter l'absorption.

Ce procédé est mis en usage par quelques personnes ; mais il ne doit pas avoir la préférence, les accidents étant plus nombreux et l'absorption se faisant moins bien. Il doit en être ainsi, car pour que l'absorption soit facile, il faut que les surfaces absorbantes soient plus étendues. Avec l'aiguille, la plaie étant moins large, il faut que la piqûre soit un peu plus profonde. De là les accidents qui surviennent quelquefois à la suite de l'opération. Avec la lancette, au contraire, on produit une plaie suffisamment large, sans aller profondément sous l'épiderme, d'où il en résulte moins d'accidents et une inoculation plus sûre.

Il faut donc accorder la préférence au procédé par la lancette. Deux piqûres au plus sont suffisantes pour la réussite de l'opération ; seulement il faut les mettre à distance l'une de l'autre, pour éviter une trop forte inflammation, qui dégénère quelquefois en gangrène ou en flegmon. On a aussi conseillé l'inoculation au moyen de fil imbibé de virus : ce procédé n'est pas sans succès; mais étant moins bon que les précédents, nous ne nous y arrêterons pas.

Quelques jours après l'inoculation, les piqûres s'enflamment, se gonflent, puis il se forme des boutons à peu près semblables à ceux qui se développent dans la clavelée spontanée, et ils en suivent la marche. Ces boutons se localisent à l'endroit des incisions, ou, ce qui est beaucoup plus rare, s'étendent sur toutes les parties du corps. C'est ordinairement vers le deuxième ou le troisième jour que l'éruption commence. Cependant la saison du printemps fait avancer l'éruption et l'automne la retarde. Quand il ne s'est manifesté aucun symptôme le dixième jour, l'opération a été manquée; il faut la recommencer.

Toutes les mesures hygiéniques que nous avons indiquées pour la clavelée spontanée doivent être suivies pour les moutons clavélisés; mais il est inutile de leur donner des soins particuliers. Il faut seulement éviter les refroidissements, les trop grandes chaleurs, les pluies, et prendre, comme nous venons de le dire, les mesures recommandées par l'hygiène. Sans toutes ces précautions, il peut arriver des accidents graves, la résorption des boutons, les tumeurs flegmoneuses, la gangrène.

Lorsqu'on a ces différents accidents à combattre, il faut avoir recours, pour le premier cas, à la résorption, aux sudorifiques que nous avons déjà indiqués. Lorsque les abcès se forment, la ponction devient utile, si elle ne se fait pas naturellement. On panse ensuite la plaie avec des excitants, tels que l'eau-de-vie, la teinture d'aloès, quand on ne redoute pas la gangrène. Dans le cas contraire, il faut se servir de teinture de quinquina, de poudre de quinquina, de charbon, de chlorite de chaux solide et de chlorite de soude. On est même quelquefois obligé de cautériser avec le fer rouge les surfaces gangrenées. Si les tumeurs prennent un aspect rouge-violet ou de couleur lie de vin, avec de la chaleur, de la douleur, et si elles font entendre un petit bruit de crépitation par la pression des doigts, signe caractéristique de la gangrène au début, il faut faire des frictions avec le liniment ammoniacal, mettre des pointes de feu dans la tumeur, l'extirper même, donner des toniques à l'intérieur, tels que le vin de quinquina, l'acétate d'ammoniaque. On panse ensuite les plaies qui résultent des escharres avec les excitants en général.

Un nouveau procédé d'inoculation a été conseillé l'année dernière par deux vétérinaires, MM. Roche-Lubin et Belliol. Il consiste d'abord à mettre les animaux à la diète la veille de l'opération. Ils font ramasser les croûtes des moutons claveleux, les font pulvériser et sécher avec soin sur des feuilles de papier.

Le lendemain, ils prennent dans le troupeau claveleux les bêtes les plus malades, le nombre varie suivant la quantité à inoculer, les font égorger, recueillent le sang dans des vases, en ayant soin de l'agiter au fur et à mesure qu'il sort de la veine; ils enlèvent les peaux et en recouvrent la face interne avec du sel, afin d'absorber le sang et la matière purulente; ils ajoutent à ce sel du son et les croûtes recueillies la veille, arrosent le tout avec le sang, et remuent le mélange pour en former une espèce de provende, qu'ils font administrer aux bêtes qu'ils veulent inoculer. Les moutons sont très gourmands de cette provende de nouvelle composition, et l'inoculation est beaucoup plus facile. La clavelée communiquée par ce procédé est généralement bénigne et de peu de durée. Ces vétérinaires ont perdu vingt-trois bêtes seulement sur trois mille sept cent quarante inoculées.

DE LA CLAVELÉE ENVISAGÉE SOUS LE RAPPORT DE LA POLICE SANITAIRE.

Il est inutile de faire mention des différentes pertes occasionnées par la clavelée dans les différents départements qu'elle a parcourus; nous savons que le nôtre en fut aussi affecté en 1805, 1820, 1825, etc.; nous savons aussi que ces pertes sont tellement considérables qu'elles ont été évaluées pour toute la France à quinze millions en 1819.

Quant à la contagion, il est prouvé qu'elle a lieu, et comme nous l'avons dit, par virus fixe et volatil.

Le virus fixe n'est autre chose que la sérosité qui s'échappe des boutons, et qui ne transmet la maladie que par le contact immédiat. Il est moins à redouter que l'autre, puisque aussitôt qu'on s'aperçoit de son existence, on peut prendre toutes les mesures nécessaires pour éviter la cohabitation. C'est cette sérosité claire, limpide, qui se forme dans le bouton claveleux, qui est le véhicule du principe contagieux.

Le virus volatil peut se transmettre à des distances étonnantes, parce qu'il est transporté par les brouillards, les vapeurs humides, les pluies, l'air atmosphérique. La respiration des animaux malades, leur laine, les bergers, les chiens, les débris cadavériques répandent le principe contagieux dans l'air où il est entraîné dans d'autres localités, et où il est respiré par les animaux ou déposé sur les aliments qui leur servent de nourriture. De là la contagion à une distance assez éloignée.

Lorsque les animaux paissent sur des pâturages communs, ils sont plus exposés à la contagion ; car ils peuvent contracter la maladie en passant seulement où les moutons claveleux ont séjourné, ou bien lorsqu'ils se trouvent dans la direction des vents. La réunion sur les foires, les marchés, est aussi une cause de contagion, quelques bêtes malades étant suffisantes pour transmettre la clavelée à plusieurs troupeaux.

L'époque où la maladie est le plus contagieuse est depuis la période d'éruption jusqu'à la dessiccation ; mais il y a des exemples qui nous prouvent que la contagion peut se prolonger bien au delà, puisqu'elle peut avoir lieu plusieurs mois après la guérison complète ; la toison pouvant conserver le virus claveleux en est probablement la cause.

Différentes lois et arrêts ont été rendus, les uns concernant la clavelée seulement, les autres toutes les maladies contagieuses en général. Pour ces dernières, nous ne citerons que les articles 459, 460, 461, 462 du code pénal. Ceux qui veulent avoir de plus amples renseignements pourront consulter l'arrêt du conseil d'état du roi du 10 avril 1714, l'arrêt du conseil d'état du roi du 16 juillet 1784, et le décret de l'assemblée constituante, concernant les biens et usages ruraux et la police rurale, du 6 octobre 1791.

Articles du code pénal qui ont trait à toutes les maladies contagieuses des bestiaux.

Art. 459. — Tout détenteur ou gardien d'animaux ou de bestiaux *soupçonnés* d'être *infectés* de maladies contagieuses, qui n'aura pas averti sur-le-champ le maire de la commune où ils se trouvent, et qui même, avant que le maire ait répondu à l'avertissement, ne ne les aura pas tenus renfermés, sera puni d'un emprisonnement de six jours à deux mois, et d'une amende de seize francs à deux cents francs.

Art. 460. — Seront également punis d'un emprisonnement de deux mois à six mois, et d'une amende de cent francs à cinq cents francs, ceux qui, au mépris des défenses de l'administration, auront laissé leurs animaux ou bestiaux infectés communiquer avec d'autres.

Art. 461. — Si de la communication mentionnée au précédent article il est résulté une contagion parmi les autres animaux, ceux qui auront contrevenu aux défenses de l'autorité administrative seront punis d'un emprisonnement de deux ans à cinq ans, et d'une amende de cent francs à mille francs, le tout sans préjudice de l'exécution des lois et règlements relatifs aux maladies épizootiques, et de l'application des peines y portées.

Art. 462. — Si les délits de police correctionnelle, dont il est parlé au précédent chapitre, ont été commis par des gardes champêtres et forestiers, ou des officiers de police, à quelque titre que ce soit, la peine d'emprisonnement sera d'un mois au moins et d'un tiers au plus en sus de la peine la plus forte qui serait appliquée à un autre coupable du même délit.

Outre les lois et arrêts qui régissent les maladies contagieuses en général, il y en a d'autres qui ont rapport à la clavelée en particulier. Ce sont : 1° une ordonnance du préfet de police de Paris, du 16 vendémiaire an x (8 octobre 1801), applicable aux départements de la Seine et de Seine-et-Oise; 2° un arrêté de M. le préfet du Pas-de-Calais, du 5 octobre 1815, applicable à ce département; 3° un arrêt de la cour du parlement, du 23 décembre 1778. Cet arrêt est applicable à toute la France. Nous ne relaterons que ce dernier, les deux autres n'ayant pas autant d'importance.

N° 1. Arrêt de la cour du parlement, qui ordonne que les moutons, brebis et agneaux qui seront attaqués de la clavelée seront séparés de ceux qui sont sains; fait défense à toutes les personnes de les exposer en vente dans les foires et marchés, et aux bouchers de les tuer et d'en débiter la viande. *(Extrait des registres du parlement, du 23 décembre 1778.)*

La cour ordonne que dans les lieux où il y aura des moutons attaqués de la maladie du claveau, les officiers, soit du roi, soit des sieurs hauts justiciers auxquels la police appartient, chacun dans leur territoire, même les syndics des communautés, en cas d'absence desdits officiers, seront tenus de prendre des déclarations exactes des moutons, brebis et agneaux de chaque particulier, et de les faire visiter par personnes à ce intelligentes, deux fois la semaine au moins, le tout sans frais, pour connaître s'il n'y a pas de moutons, brebis et agneaux infectés de la maladie; enjoint à tous ceux qui ont ou qui auront des brebis, moutons ou agneaux malades, de le déclarer aussitôt auxdits officiers, à peine de cent livres d'amende contre chaque contrevenant, pour être les bêtes malades séparées de celles qui seront saines, et mises dans d'autres écuries, étables et lieux; qu'en cas que le bétail malade puisse être conduit au pâturage, il soit mis à la garde d'un berger, qui sera choisi par la communauté, et qui ne pourra conduire le bétail que dans les cantons et lieux qui seront indiqués par lesdits officiers, à peine de punition corporelle et de tous dommages et intérêts dont la communauté demeurera responsable; fait défense à toutes personnes de conduire des moutons, brebis et agneaux des bailliages et lieux où la maladie du claveau est répandue, pour les vendre dans d'autres bailliages et lieux; ordonne qu'il ne pourra être vendu de moutons, brebis et agneaux qu'après que ceux qui les conduisent auront préalablement représenté aux juges des lieux où la vente en sera faite un certificat des officiers du lieu d'où lesdits moutons, brebis et agneaux auront été amenés, portant qu'il n'y a point de maladie du claveau dans ledit lieu sur ledit bétail, ni à trois lieues au moins à la ronde, lequel certificat sera visé par ledit juge, sans frais, le tout à peine de trois cents livres d'amende pour chaque contravention, même de confiscation des bestiaux, s'il y échet; fait pareillement défense à toutes personnes, sous les mêmes peines, d'exposer en vente, dans les foires et marchés, aucun mouton, brebis ou agneau, même aux bouchers de tuer et débiter la viande desdits animaux, qu'après qu'ils auront été vus et visités par personnes à ce intelligentes nommées par lesdits officiers, et ce à l'égard des bestiaux qui seront exposés en vente dans les foires et marchés avant que lesdits bestiaux puissent être amenés dans le lieu de la foire ou du marché, pour savoir s'ils ne sont pas infectés de la maladie du claveau, ou même suspects d'en être attaqués, et être, ceux qui se trouveront en cet état, renvoyés sur-le-champ dans les lieux d'où ils auront été amenés; que les moutons, brebis et agneaux qui seront jugés sains ne pourront être mêlés avec ceux de celui qui les aura achetés, ni avec ceux des habitants des lieux où ils seront vendus qu'après en avoir été tenus séparés au moins pendant huit jours, à peine de cent livres d'amende pour chaque contravention ; ordonne qu'aussitôt que les bêtes attaquées de la maladie du claveau seront mortes, les propriétaires et fermiers seront tenus de les enterrer avec leurs peaux dans des fosses de six pieds de profondeur, et de recouvrir exactement les fosses jusqu'au niveau du terrain ; fait défense à toutes personnes de jeter lesdites bêtes mortes dans les rivières, ni de les exposer à la voirie, même de les enterrer dans les écuries, cours, jardin et ailleurs que hors l'enceinte des villes, bourgs et villages, à peine de trois cents livres d'amende, et de tous dommages et intérêts ; fait défense à toutes personnes de tirer des fosses lesdites bêtes, sous quelque prétexte que ce puisse être, et aux tanneurs et autres d'en vendre ou d'en acheter les peaux, à peine de trois cents livres d'amende, même d'être poursuivis extraordinairement ; ordonne que les jugements qui seront rendus par les juges des lieux, en conséquence du présent arrêt, et pour prévenir la mortalité du bétail, seront exécutés par prévision, nonobstant toutes oppositions, appellations et empêchements quelconques, et sans y préjudicier, ordonne que le présent arrêt sera imprimé, lu, publié et affiché partout où besoin sera ; enjoint au substitut du procureur général du roi d'y tenir la main, d'en envoyer des copies dans les justices de leur ressort, pour y être pareillement lu, publié et affiché, et de certifier, le procureur général du roi, de l'exécution du présent arrêt.

Fait en parlement, le 23 décembre 1778.

Collationné, LUTTON.

Signé DUFRANC.

Lorsqu'un troupeau est atteint de la clavelée, son propriétaire doit en faire immédiatement sa déclation au maire tel qu'il vient d'être dit, sous peine des amendes prononcées.

Les personnes consultées, que ce soit des vétérinaires, bergers ou maréchaux, ne doivent pas traiter les animaux avant d'avoir fait eux-mêmes la déclaration aux autorités, qui nomment immédiatement un expert pour procéder à la visite des troupeaux infectés, en se faisant toutefois accompagner par un de ses agents. Les habits de laine ayant la propriété de s'imprégner plus facilement du virus, doivent être rejetés, et toutes les personnes qui visitent les troupeaux, soit par curiosité, soit pour étudier la maladie, doivent porter des vêtements en toile.

Aussitôt que le propriétaire s'est aperçu de l'existence de la maladie dans son troupeau, il doit s'empresser de séparer les bêtes malades des bêtes saines pour diminuer l'intensité du foyer de contagion.

La mesure de police sanitaire, incontestablement la meilleure, est l'inoculation. Elle a plusieurs avantages et pas d'inconvénients : d'abord elle ne fait périr que deux ou trois animaux sur cent, tandis que la maladie naturelle en fait mourir les trois quarts et plus; en outre, la durée de la clavelée artificielle est d'un mois environ, et celle de la clavelée naturelle est de trois, six et même dix mois. Le foyer de contagion existe moins longtemps par l'inoculation. C'est donc une mesure de police sanitaire qui devrait avoir force de loi; et si l'autorité supérieure agissait convenablement, aussitôt que la clavelée existe dans une localité, elle devrait s'empresser de rendre un arrêté qui forcerait tous les propriétaires de bêtes ovines de cette même localité à faire claveliser tous leurs moutons, quand même la maladie n'existerait pas dans leurs troupeaux. S'il en était ainsi, tous les moutons pourraient communiquer les uns avec les autres dans les pâturages. Alors point de séquestration, point de cantonnement, point de soin pour les propriétaires, bénéfice réel de toutes parts.

Il est facile de comprendre que les bêtes malades, soit naturellement, soit autrement, ne doivent point sortir de la localité et se rendre aux foires ou marchés ; l'arrêt du 16 juillet 1784, et celui de la cour du parlement du 23 décembre 1778 le défendent formellement.

Lorsqu'un troupeau est atteint de la clavelée, il ne doit point communiquer avec les autres, s'ils n'ont pas été inoculés. On doit donc ordonner au propriétaire de le laisser à la bergerie, ou lui assigner une certaine étendue de terrain sur lequel pourra parquer le troupeau malade. Il faut choisir pour lieu de parcours un terrain isolé, où les autres troupeaux ne sont pas susceptibles d'aller, éloigné de toute habitation, des chemins vicinaux et des grandes routes, de quatre cents mètres environ. Il faut aussi que l'on recommande aux gardiens de moutons de conduire le troupeau à l'extrémité du pâturage au-dessus du vent; plus l'espace est grand entre les troupeaux infectés et les troupeaux sains, plus l'infection est difficile. Les bergers doivent toujours conduire les moutons sains au-dessus du vent et jamais au-dessous des troupeaux malades. Un chemin est indiqué pour se rendre au lieu de cantonnement : on doit toujours le suivre.

Il faut prendre toutes les précautions indiquées dans l'arrêt du 23 décembre 1778 au sujet des débris cadavériques, car il arrive quelquefois que les propriétaires coupent la laine et vendent les peaux, qui sont transportées dans d'autres pays, où elles sont susceptibles de transmettre la maladie.

On peut faire usage de la viande de moutons claveleux sans aucun inconvénient, en admettant toutefois qu'il n'existe pas d'abcès ou de gangrène tant à l'extérieur qu'à l'intérieur. Plusieurs personnes en ont fait usage et ne s'en sont point trouvé incommodées. La viande est un peu fade et tendre. Quoi qu'il en soit, l'usage de la viande ne doit pas être toléré, car il pourrait en résulter de graves accidents. Les bouchers en parcourant les campagnes et allant d'un pays à l'autre acheter des animaux, entrent dans les écuries et peuvent transmettre la maladie, d'où il résulterait une infection générale, qui se communiquerait d'un département à un autre, et ainsi de suite dans toute la France. Il y a déjà assez de moutons achetés en fraude et livrés à la boucherie : qu'arriverait-il si l'on pouvait en faire le commerce librement ?

Plusieurs méthodes de désinfection des bergeries ont été conseillées ; mais je crois qu'il est plus convenable de claveliser les moutons qui auraient été achetés nouvellement et peu de temps après l'apparition de la clavelée, avant de les mettre dans la ferme et de laisser les bergeries telles qu'elles sont, puisque les moutons clavélisés ne sont plus aptes à la contracter une seconde fois. Cependant les précautions hygiéniques doivent être rigoureusement observées dans toutes les circonstances.

DE LA CLAVELÉE ENVISAGÉE SOUS LE RAPPORT DE LA REDHIBITION.

La loi du 20 mai 1838 a permis à l'acheteur de se faire rendre justice en admettant la redhibition de tout le troupeau, lorsqu'il y a un seul animal affecté. Pour avoir de plus amples renseignements, il faut recourir à cette loi, prendre connaissance de tous les articles qui sont applicables à toutes les maladies redhibitoires. Pour nous, nous ne citerons que les articles 1er et 8, parce qu'ils sont plus particulièrement applicables à la clavelée qu'aux autres maladies.

Art. 1er. Sont réputés vices redhibitoires.... la clavelée; cette maladie reconnue chez un seul animal entraînera la redhibition de tout le troupeau.

La redhibition n'aura lieu que si le troupeau porte la marque du vendeur.

Un seul animal atteint de la clavelée étant suffisant pour entraîner la redhibition du troupeau entier, il est probable qu'on aura rarement recours à l'autopsie pour constater la maladie, car quelques pustules claveleuses existantes chez un seul animal vivant établissent le droit de garantie.

Cependant il peut arriver qu'on soit obligé de constater la clavelée après la mort, tel que dans le cas de vente d'un animal de grand prix, d'un bélier; ou bien encore lorsque l'acheteur, ayant des animaux malades dans son troupeau, les aurait sacrifiés, soit pour échapper aux peines infligées par les réglements de police sanitaire, soit pour que le vendeur ne puisse plus jouir des avantages que lui accorde l'article 8 de la loi du 20 mai.

Pour se prononcer avec assurance sur l'existence de la maladie, il faut en connaître les caractères du vivant de l'animal et les lésions cadavériques. Nous renvoyons à l'article de la clavelée proprement dite.

Si l'acheteur, après avoir fait sacrifier les animaux malades, en avait fait enlever et dérober les peaux aux yeux de l'expert, il resterait encore à celui-ci de quoi baser son jugement sur le cadavre.

Il est aussi essentiel d'examiner tous les animaux

morts, car, d'après l'article 7, il n'y a redhibition que pour les moutons morts de la clavelée.

Comme pour beaucoup d'autres vices, le délai pour intenter l'action est de neuf jours, non compris le jour de la livraison.

Si le troupeau vendu est à une certaine distance du vendeur, les délais sont augmentés d'un jour par cinq myriamètres.

Lorsque l'acheteur s'aperçoit de l'existence de la maladie dans son troupeau, il est tenu, dans les neuf jours qui suivent la vente, à part le délai de distance, de présenter une requête au juge de paix du lieu où l'animal se trouve. Ce juge nomme immédiatement, suivant l'exigence du cas, un ou trois experts.

Art. 8. Le vendeur sera dispensé de la garantie résultant de la morve et du farcin pour le cheval, l'âne et le mulet, et de la clavelée pour l'espèce ovine, s'il prouve que l'animal, depuis la livraison, a été mis en contact avec des animaux atteints de ces maladies.

D'après cet article, si l'acheteur laisse communiquer le troupeau acheté avec un troupeau infecté ou même avec un seul animal, que ce soit chez lui ou ailleurs, le vendeur sera dispensé de la garantie, cette maladie, comme nous l'avons vu plus loin, pouvant être communiquée à tout un troupeau par un seul mouton claveleux.

C'est aussi d'après cette facilité de transmission que le législateur a autorisé la redhibition du troupeau entier dès que l'existence de cette maladie est constatée sur un seul des individus qui le composent.

Lorsqu'il a été question de la marque du troupeau pour qu'il y ait redhibition, une vive discussion s'est élevée à la chambre. Les avis étaient partagés; mais cependant la majorité a reconnu l'impossibilité de mettre la loi à exécution sans l'adoption de ce paragraphe. M. Lherbette, rapporteur, n'a pas nié la difficulté; mais il a dit avec raison que la première condition à remplir par l'acheteur était de prouver l'identité des animaux vendus. La marque est le seul moyen qu'on peut employer.

CHALONS. — IMP. BONIEZ-LAMBERT.

www.ingramcontent.com/pod-product-compliance
Ingram Content Group UK Ltd.
Pitfield, Milton Keynes, MK11 3LW, UK
UKHW021318190726
13839UKWH00007B/2018

9 782329 479552